John D. Kalimenze

Geologia e propriedades de suscetibilidade magnética das litologias de Ipole

John D. Kalimenze

Geologia e propriedades de suscetibilidade magnética das litologias de Ipole

Exploração de kimberlito diamantífero no distrito de Ipole Sikonge, região de Tabora

ScienciaScripts

Imprint

Cover image: www.ingimage.com

This book is a translation from the original published under ISBN 978-3-659-86579-4.

Publisher:
Sciencia Scripts
is a trademark of
Dodo Books Indian Ocean Ltd. and OmniScriptum S.R.L publishing group

120 High Road, East Finchley, London, N2 9ED, United Kingdom
Str. Armeneasca 28/1, office 1, Chisinau MD-2012, Republic of Moldova, Europe
Managing Directors: Ieva Konstantinova, Victoria Ursu
info@omniscriptum.com

Printed at: see last page
ISBN: 978-620-8-54608-3

Índice

RECONHECIMENTO

Agradecemos a Deus Todo-Poderoso pela sua proteção e orientação durante todo o período do trabalho de campo. Estamos muito gratos ao Dr. Marobhe e ao Sr. Kazimoto, que leram os rascunhos do relatório e ajudaram a melhorá-lo. Gostaríamos de agradecer à Savannah Company pela permissão para usar as propriedades da Savannah e pelo apoio logístico no terreno, estamos gratos às seguintes pessoas: Sr. Jerry Garry (Diretor Geral) e Sr. Aspon Mwijage (Gestor de Campo). Estamos muito gratos aos outros colegas de turma pela sua cooperação.

DEDICAÇÃO

Dedicamos este trabalho aos nossos pais, o Sr. PIUS MATIKU e a Sra. SAFINAEL MSUYA e a Sra. GRACE L. KALIMENZE e ao falecido D.N.N KALIMENZE

RESUMO

Este relatório de projeto é o resultado do trabalho realizado na área de Ipole, distrito de Sikonge, de julho a setembro de 2008. Os principais objectivos deste projeto foram identificar os tipos de rocha presentes na área de Ipole utilizando as propriedades magnéticas das rochas e determinar a presença de kimberlito diamantífero nas litologias de Ipole. Os seguintes métodos foram utilizados para realizar a tarefa: Amostragem de minerais pesados em sedimentos de cursos de água, amostragem de argila e trado, levantamento magnético aéreo, Sistemas de Informação Geográfica (SIG), Sistemas de Posicionamento Global (GPS)/levantamentos batimétricos e perfuração (perfuração de percussão).

O estudo dos registos de perfuração e da suscetibilidade magnética revela a presença de ferricrete, calcrete, areias, granito micáceo, granito rosa, riolito, diorito, granodiorito, gabro e basalto. Este estudo não encontrou quaisquer minerais indicadores de kimberlitos, como a picroilmenite (rica em Mg), a granada pirope, o cromediopsídio e o diamante, que, quando encontrados, indicam uma grande proximidade da fonte. No entanto, Ipole parece estar situada em áreas de drenagem e de coberturas de solo transportadas, o que reflecte possivelmente zonas de meteorização preferencial e pode ser consistente com possíveis posições de kimberlitos. O mapa radiométrico mostra o granito aflorante. A relação entre a assinatura radiométrica e a mineralização do kimberlito indica que os kimberlitos estão frequentemente presentes à superfície como depressões no solo. (Os pixels amarelo-branco na imagem ternária reflectem uma elevada concentração de radioelementos). A área de Ipole ainda é uma área altamente prospetiva no que diz respeito à exploração de kimberlitos, porque a exploração não foi adequadamente realizada em áreas sob sobrecarga.

LISTA DE ABREVIATURAS

1. Max- Maximum
2. Min- Minimum
3. Cgs- Celcius gravity sentimeter
4. Sd- Standard deviation
5. Mag Susc- Magnetic Susceptibility
6. Lith- Lithology
7. PL- Prospecting License
8. ID- Identity
9. UTM- Universal Transverse Mercator
10. EOH- End of hole diameter
11. EOL- End of hole Lithology
12. TMI- Total Magnetic Intensity
13. UTS- Universal Transverse Survey
14. MTC- Mean Terrain Clearance
15. GPS- Geographical Positioning System
16. GR- Gamma Ray Spectrometer
17. DTM- Digital Terrain Model
18. *KThU-Potassium Thorium Uranium*
19. TM- Thematic Mapper
20. GIS- Geographical Information System
21. Av- Average
22. WGS- World Geodetic System
23. RGB- Red Green Blue
24. SIK-Sikonge
25. P1- Prioritized target grade one
26. P2- Prioritized target grade two
27. P3- Prioritized target grade three
28. °C- Degree Celcius
29. nT- nano Tesla
30. K- Kelvin
31. DH- Drilling Hole
32. DMTC- Delta Mine Training Center

CAPÍTULO 1

INTRODUÇÃO

1.0 LOCALIZAÇÃO E ACESSIBILIDADE

Ipole está localizada a cerca de 88 km a sudoeste da cidade de Tabora, no distrito de Sikonge. A área é acessível através da estrada de cascalho para todas as condições meteorológicas de Tabora até ao cruzamento para as regiões de Rukwa e Mbeya. A acessibilidade dentro da área é boa através de caminhos pavimentados e não pavimentados.

1.1 GEOLOGIA REGIONAL

A área de estudo situa-se no Cráton da Tanzânia, que contém um alinhamento alongado de rochas metassedimentares e metavulcânicas orientadas para sudeste, rodeadas por migmatitos e granitos nos quais se encontram os xenólitos de metassedimentos e metavulcânicas. São também compostos por quartzitos, por vezes hematizados, e por xistos bandados, que são quartzitos sericíticos, talcosos, cloríticos e com corindo, juntamente com anfibolitos e gneisses de hornblenda. As rochas graníticas são raras. Em geral, estas rochas derivam de sedimentos argilosos e siliciosos e de rochas vulcânicas básicas, embora existam rochas ultrabásicas muito alteradas, originalmente intrusivas. Consistem em gnaisses e xistos metassedimentares e ortognaisses dos primeiros, sendo os mais comuns os xistos psamíticos, semiperiticos e periticos. Intercalados com estes metassedimentos encontram-se gnaisses hornblêndicos básicos e ultrabásicos que representam lençóis e diques. Os metassedimentos e os gnaisses ígneos foram injectados regionalmente por materiais graníticos de gnaisses compostos ou magmáticos.

1.2 GEOLOGIA LOCAL

A área de Sikonge é dominada por granitos que afloram, na maioria dos casos, formando colinas (estão esporadicamente distribuídos na área). As planícies são cobertas por depósitos aluviais de idade holocénica e riachos fósseis que drenam para lagos do Pleistoceno/Plioceno. Os depósitos são formados por argila mbuga, areia e cascalho não cimentado, Barth, (1990). Os diques de dolerite com tendência para Noroeste-Sudeste formam uma caraterística linear importante na área. Estes estão intimamente associados a pequenas e grandes intrusões circulares. A área de Sikonge é caracterizada por uma série de domínios magnéticos e por diques dominantes altamente magnéticos de tendência norte-sul. Um segundo tecido estrutural é evidente, com uma tendência N75°E, e é caracterizado por diques e falhas menos magnéticas. Parece que a tendência geológica geral seria N20°W.

1.3 GEOLOGIA DA ZONA

A área é dominada por granitos ricos em biotíticos, embora inclua granitóides micáceos, rochas máficas (de cor verde escura a preta), intrusões ultrabásicas com magnetite. A parte sapropelítica da área é dominada por areias graníticas (castanho pálido a avermelhado), ferricrete, nódulos de ferro, calcrete, seixos de quartzo/areia e matriz silto-argilosa, enquanto a parte saprolítica é dominada por granito rico em biotite meteorizado, granitóides micáceos ligeiramente metamorfoseados,granitoide rico em biotite com magnetite, granito rosa intemperizado, rocha máfica verde escura intemperizada, rocha máfica verde escura fresca, rochas máficas frescas com grãos rosa, granitos rosa frescos, veios de quartzo em rocha máfica, granito leucocrático, granitoide de cor clara e rocha máfica com magnetite.

1.4 REVISÃO DA LITERATURA

1.4.1 Suscetibilidade magnética

A suscetibilidade magnética é o grau de magnetização de um material em resposta a um campo magnético aplicado. (A suscetibilidade magnética é sensível a variações no tipo e concentração de grãos magnéticos nas rochas e é, portanto, um indicador de variações na composição.

A suscetibilidade magnética depende da propriedade mineral magnética da rocha; as rochas máficas têm geralmente susceptibilidades magnéticas mais elevadas do que as rochas félsicas porque as rochas máficas são tipicamente mais abundantes em minerais fortemente magnéticos como a magnetite (Carmichael, 1982). As rochas estudadas mostraram que as susceptibilidades magnéticas médias mais elevadas provêm de rochas ígneas máficas, enquanto as médias calculadas mais baixas provêm de rochas sedimentares, bem como de rochas ígneas félsicas e não identificadas. **A Tabela (2)** mostra os valores mínimo, máximo, médio e desvio padrão da suscetibilidade magnética para vários tipos de rochas. As rochas máficas extrusivas e intrusivas têm uma média de 0,96 e 1,01 x 10-3 cgs, respetivamente, enquanto as rochas carbonatadas e clásticas têm uma suscetibilidade magnética média de 0,01 a 0,14 x 10-3 cgs, respetivamente. As rochas ígneas félsicas têm susceptibilidades magnéticas relativamente baixas: 0,10 x 10-3 cgs para rochas intrusivas e 0,58 x 10-3 cgs para amostras de rochas extrusivas. Certas propriedades magnéticas podem mudar muito em função da temperatura abaixo de 300 K. Estas transições a baixa temperatura podem diagnosticar a composição mineral. As experiências mostraram que esta perda de magnetismo ocorre a uma temperatura de aproximadamente 550°C (o ponto de Curie).A força magnética de um mineral ou rocha é função de duas coisas,

> A quantidade de ferro, níquel ou cobalto, e

> A quantidade de alinhamento que ocorre

Rocha/Mineral	**Magnético Suscetibilidade**
ROCKS	
Sal	0-0.001
Ardósia	0-0.002
Calcário	0.00001 -0.0001
Granulito	0.0001 -0.05
Rirolito	0.00025 -0.001
Pedra verde	0.0005 -0.001
Basalto	0.001-0.1
Gabro	0.001-0.1
Dolerite	0.01-0.15
MINERAIS	
Pirite	0.0001 -0.005
Hematite	0.001 -0.0001

Pirrotite	0.001 - 1.0
Cromite	0.0075 - 1.5
Magnetite	0.1-20.0

Tabela 1. Susceptibilidades magnéticas de rochas e minerais selecionados (DMTC Alaska, 1992)

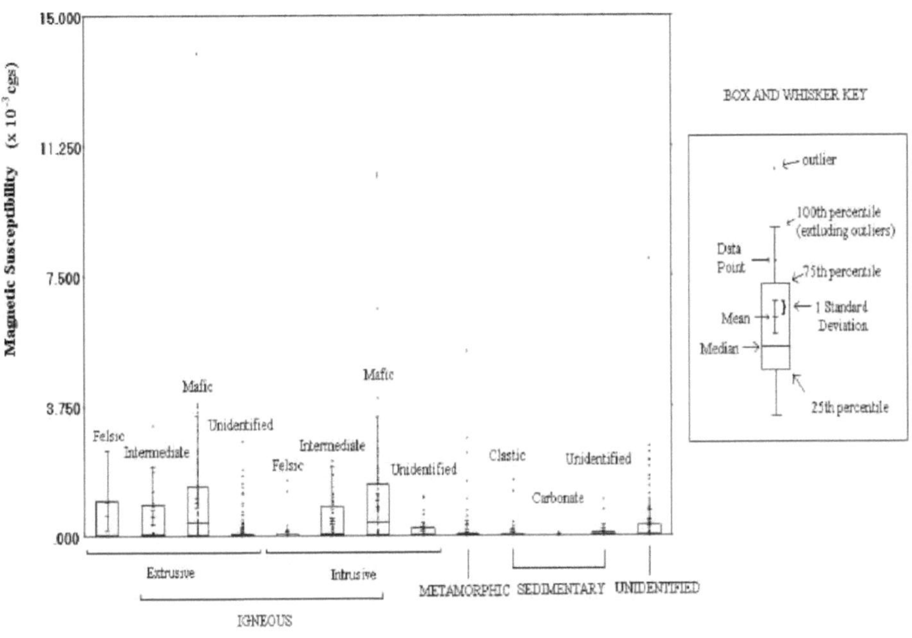

Figura 1.Gráfico de caixa e bigode dos valores de suscetibilidade magnética das rochas da área estudada agrupados por tipo de rocha. As caixas representam valores entre os percentis 75 e 25, a barra central mostra o valor mediano e as caixas de bigodes mostram que os cinzas representam pontos de dados individuais, com uma gama completa de valores, não incluindo valores anómalos (pontos). Dentro das caixas, os pequenos + e os bigodes mostram. (Elizabeth A.Sanger[1] e Jonathan M.G.Glen[1], 2003)

TIPO DE ROCHA	SUSCEPTIBILIDADE MAGNÉTICA(10^{-3} cgs)			
	Mínimo	**Máximo**	**Ave**	**Sd**
IGNEOUS	0.00	13.90	0.59	1.23

Extrusivo	0.00	13.90	0.61	1.20
Felsic	0.00	2.45	0.58	1.00
Intermediário	0.01	3.18	0.54	0.89
Máfico	0.01	13.90	0.96	1.53
Não identificado	0.00	2.72	0.19	0.46
Intrusivo	0.00	10.42	0.57	1.26
Felsic	0.00	1.60	0.10	0.31
Intermediário	0.00	2.15	0.41	0.60
Máfico	0.00	10.42	1.01	1.79
Não identificado	0.00	1.11	0.18	0.32
METAMÓRFICA	0.00	5.31	0.30	0.89
SEDIMENTAR	0.00	1.59	0.11	0.30
Clástico	0.00	1.59	0.14	0.37
Carbonato	0.00	0.08	0.01	0.02
Não identificado	0.00	1.03	0.19	0.35
NÃO IDENTIFICADO	0.00	7.96	0.36	0.90

Tabela 2. Mostra os tipos de rocha e a respectiva suscetibilidade magnética

(Elizabeth A.Sanger[1] e Jonathan M.G.Glen[1], 2003)

Uma influência importante na suscetibilidade magnética é a inclusão de minerais contaminantes na amostra concentrada com minerais magnéticos e / ou variação na composição dos minerais devido a substituições de isomorfismo. O efeito do teor de ferro na composição mineral sobre a suscetibilidade magnética dos minerais em campo magnético elevado foi investigado com amostras de cromite, ilmenite, olivina e pirite. Com base em poucos pontos de dados, a regressão linear indicou que a suscetibilidade magnética das cromites, ilmenite e olivina aumenta com o teor de ferro, enquanto que para a pirite se verifica o contrário. (Dahlin, D.C e A.R.Rule, 1951)

A suscetibilidade magnética do kimberlito varia de pelo menos 0,10 x 10-3 unidades cgs a mais de 6,0 x 10-3 unidades cgs (Gerryts 1970). O kimberlito fresco pode conter até 5 ou 10 % de óxido de ferro, que consiste predominantemente em magnetite, ilmenite e solução sólida entre os dois. O kimberlito não intemperizado pode ter uma forte assinatura magnética (Mitchell 1991). A modelação do corpo vertical em forma de tubo com o diâmetro de 200 metros e suscetibilidade de 1 x 10-3cgs unidades mostrou que o pico de amplitude de 185 nano Tesla (nT) seria observado se o corpo estivesse 50 metros abaixo da superfície do solo e o detetor magnético 60 metros acima da superfície do solo (Gubins 1980). Este modelo de anomalia claramente detetável forneceu um guia útil para o levantamento aéreo.

As anomalias magnéticas são causadas por dois tipos de magnetismo: o magnetismo induzido e o magnetismo remanescente. O magnetismo induzido resulta da interação entre o campo magnético da terra e os minerais magnéticos que criam uma verdadeira anomalia orientada na direção do campo magnético atual da terra. O resultado da magnetização é diretamente proporcional à força do campo ambiente e à capacidade dos materiais para aumentar o campo local. Esta última propriedade é designada por suscetibilidade magnética. A suscetibilidade magnética da rocha está diretamente relacionada com a quantidade de magnetite que contém e, consequentemente, pode variar drasticamente. **A Tabela 3** mostra alguns exemplos típicos de rocha versus suscetibilidade magnética

Material	**Suscetibilidade magnética (cgs)**
Basalto	10-4 a 10-3
Gabro	10-4
Granito	10-5 a 10-3
Xisto	10-5 a 10-4
Clásticos	10-5 a 10-6
Calcário	10-6
Metamórfico	10-4 a 10-6
KIMBERLITES	

Siberiano	10^{-4} a 10^{-3} (Gerryts 1970)
África do Sul	10^{-3} a 10^{-2} (Macnae 1979)
Saskatchewan	10^{-4} a 10^{-3} (Lehnert- Thiel et al, 1992)

Tabela 3. Mostra o tipo de rocha versus suscetibilidade magnética (Urquhart e Robin, 1989)

NOTA: Uma rocha com 1% de magnetite terá uma suscetibilidade magnética de 3 x 10^{-3} cgs

A magnetização remanescente é a magnetização fixada nos grãos de magnetite individuais da rocha; este campo magnético interno está orientado na direção do campo magnético terrestre na altura da formação do . A orientação desse campo original e, consequentemente, do campo magnético remanescente pode ser a mesma que a atual, invertida ou em qualquer direção intermédia.

A assinatura do campo magnético total medido no momento presente será aumentada se o magnetismo de remanência estiver orientado na mesma direção do campo, significativamente reduzido se o magnetismo de remanência for igual mas em direção oposta ou dominado pela remanência, um cenário que resulta em fortes anomalias negativas. A remanência está sempre relacionada com o tempo de colocação da distância e não com a localização dos corpos. Como tal, diastemas com as três orientações de remanência podem ser encontrados em estreita proximidade. Embora as assinaturas magnéticas controladas pela remanência possam ser significativas quando apenas uma idade de intrusivo num grupo ou "província" geológica hospeda diamantes, há outras considerações a ter em conta antes de relacionar o potencial do diamante com o carácter magnético. O tamanho do grão e a química da magnetite (e a série de soluções sólidas de magnetite-ilimenite) também afectam o grau de remanência retida e a resposta magnética subsequente. Grande parte do conteúdo de magnetite nos diastemas de kimberlito pode ser atribuído à serpentinização da olivina, resultando na geração de magnetite secundária (Urquhart e Robin, 1989)

1.4.2 Kimberlito diamantífero

A exploração de kimberlitos tem um significado inerente - "exploração de diamantes". A exploração de kimberlitos é um negócio arriscado que, quando bem-sucedido, rende recompensas muito elevadas. A exploração de kimberlitos requer a compreensão do controlo tectónico sobre a evolução, a colocação e a preservação dos kimberlitos. A formação e ascensão do kimberlito é especulativa, no entanto, a extensão litosférica é considerada a principal causa para o desencadeamento do magmatismo kimberlítico. O kimberlito encontra-se em aglomerados, campos e províncias exclusivas no interior de cratões arqueanos espessos e imediatamente adjacentes à cintura móvel proterozóica (Cliford 1966). Um cratão coberto por rochas sedimentares relativamente indeformadas é um ambiente favorável à preservação das diástases de kimberlito. A exumação e/ou erosão profunda do cratão deixa para trás as zonas de raiz dos diatemas de kimberlito e dos diques alimentadores hipabissais. Muitas vezes, as ocorrências de kimberlitos indicam um alinhamento distinto com sistemas locais de falhas e diques e estão relacionadas com lineamentos regionais frequentemente reactivados (White et al 1995; Smirnov 1993).

1.4.3 Minerais indicadores como ferramenta para a exploração de diamantes

Os macrocristais de minerais mais resistentes no kimberlito; granada, cromite e ilmenite são procurados em cursos de água e solos em todo o mundo como prova da proximidade da rocha geradora. Nas últimas duas décadas, a utilização de minerais pesados na exploração de diamantes foi aperfeiçoada para permitir uma avaliação do potencial diamantífero da fonte. O método foi concebido especificamente para a ocorrência de kimberlitos na África Austral, onde tem sido aplicado de forma muito lucrativa em muitos casos. (Dummet et al., 1986; Carlson e Marsh, 1989). A ilmenite rica em magnésio (picroilmenite) tem sido usada desde há uma década como mineral indicador para o programa de exploração de kimberlitos, mas também é importante na avaliação do potencial diamantífero da rocha geradora. A durabilidade da ilmenite permite-lhe sobreviver a um transporte prolongado no ambiente aluvial, bem como a uma vasta gama de processos de meteorização. No entanto, a identificação segura de quantidades vestigiais de picroilmenite em concentrados de minerais pesados pode ser muito difícil se as amostras forem recuperadas de terranos caracterizados por litologias que contêm ilmenite não kimberlítica abundante (por exemplo, ferroilmenite de gabro ou anortosite e ilmenite manganês de rochas graníticas ou carbornatite). Foi demonstrado que diferentes tipos de ilmenite exibem variações no comportamento magnético que podem permear a separação efectiva (Vos, 1989; Vos e McCallum 1991)

CAPÍTULO 2

2.1 OBJECTIVOS

Os objectivos do projeto:

> Determinar e caraterizar as litologias de Ipole através da suscetibilidade magnética

> Determinar a presença de kimberlito diamantífero nas litologias de Ipole

2.2 DECLARAÇÃO DO PROBLEMA DE INVESTIGAÇÃO

A investigação pretende conhecer, definir e compreender as litologias da área de Ipole no distrito de Sikonge, região de Tabora e indicar se o kimberlito diamantífero está presente em Ipole ou se deve ser efectuada uma exploração adicional na área.

CAPÍTULO 3

MATERIAL E MÉTODOS

3.0 MATERIAIS

Foram utilizados os seguintes materiais; O GPS foi utilizado para localizar o alvo e ajudar a navegar no campo, a broca foi utilizada para trazer materiais macios para a superfície através de perfuração manual, o balde foi utilizado para medir a quantidade de amostras de argila a colher, a caneta marcadora foi utilizada para marcar os sacos de amostras, as escovas de arame foram utilizadas para limpar as placas de peneiração, as placas de peneiração foram utilizadas para remover materiais indesejados da amostra e obter os concentrados de diferentes tamanhos, as folhas de registo foram utilizadas para documentação das observações de campo, Utilizaram-se canetas e pincéis para escrever e desenhar as observações de campo, utilizou-se um gabarito zambiano para gravitar a amostra através de ondas de água, utilizou-se um tripé temporário para guardar as amostras gravitadas antes da recolha de concentrados pesados, utilizaram-se sacos de nylon para guardar e transportar as amostras, utilizou-se um tabuleiro de secagem para levar a amostra para secar numa fogueira a carvão, utilizou-se uma fogueira a carvão para assar a amostra molhada antes de a pesar, utilizou-se um avião de reconhecimento para fazer o levantamento da área através da recolha de dados aéreos (dados radiométricos e magnéticos)

3.1 MÉTODOS

Os seguintes métodos foram utilizados na fase inicial de acompanhamento da geração do alvo em que foi encontrado um grande número de caraterísticas magnéticas com caraterísticas semelhantes às produzidas por intrusões kimberlíticas;

3.1.1 Amostragem de minerais pesados

A amostragem de minerais pesados foi efectuada para recolher os concentrados de minerais pesados (minerais com elevada densidade). Nos sedimentos das ribeiras e no solo, a presença de granada pirope, picloilmenite, diopsídio de crómio, cromites e diamante pode ser usada para indicar uma possível fonte de kimberlito. A pesquisa de minerais pesados foi realizada através da seguinte técnica de amostragem;

3.1.1.1 Amostragem de sedimentos de cursos de água

Este trabalho foi efectuado ao longo da bacia de drenagem do curso de água (uma área com uma rede de cursos de água como os ramos das árvores). O levantamento dos sedimentos do curso de água começou de jusante para montante de modo a identificar qualquer anomalia geoquímica, os sedimentos localizados a jusante eram uma indicação da geoquímica da rocha ou do potencial depósito de minério localizado a montante. Os sedimentos de cursos de água representavam os materiais de granulometria fina a média (silte-argiloso-arenoso) que eram transportados pela água corrente, mas, em sedimentos de cursos de água sazonais, as amostras eram recolhidas nos locais de armadilha (áreas com deposição máxima), por exemplo, rio sinuoso, raízes de árvores grandes e pedras grandes (pedregulhos). Foram utilizados mapas topográficos para identificar os cursos de água numa determinada localidade.

3.1.1.2 Amostragem de argila

A amostragem de argila foi feita através da recolha do solo superficial depois de remover ou varrer os materiais orgânicos e só foi recolhida de um ponto, especialmente do centro do alvo identificado, de modo a estimar os erros de distância **(Figura 2)**; a amostra recolhida foi de pelo menos 20 litros e no máximo 60 litros e só foi recolhida uma amostra em cada alvo. A ineficácia do método de amostragem de argila, especialmente em sedimentos espessos transportados como o mbuga, deveu-se aos seguintes factores

-Mbuga é rica em argila. A meteorização e a erosão não resultarão na dispersão necessária de minerais indicadores grosseiros que possam ser identificados positivamente em laboratórios de minerais

-Como a mbuga, a argila redutora não é um habitat favorito para as térmitas, como se pode ver pela baixa densidade de termiteiras na mbuga na Tanzânia.

-Os exploradores anteriores ignoraram essencialmente os grãos kimberlíticos que se encontravam dispersos nesta camada de cobertura e que foram identificados.

Acreditamos que estes factores foram possivelmente a principal razão para a descoberta de apenas alguns kimberlitos económicos na Tanzânia. Alguns grãos de kimberlito que nunca foram seguidos dentro do mbuga podem muito bem representar uma "impressão digital" subtil de um tubo de kimberlito enterrado. A presença de mbuga espessa e sedimentos recentes do rift são factores fundamentais que impediram a exploração de diamantes no passado.

Figura 2. A imagem mostra os amostradores a recolher amostras de argila

3.1.1.3 Amostragem com broca

As brocas helicoidais são perfuradoras ligeiras, incapazes de penetrar em solo duro ou em leito rochoso. São perfuradoras de mão ou montadas em camiões que possuem hastes com lâminas em espiral para trazer material macio para a superfície **(Figura 3).** As brocas foram utilizadas sobretudo para recolher amostras de depósitos de placer. As brocas eléctricas eram particularmente úteis para a recolha de amostras profundas em material facilmente penetrável, onde a abertura de furos não era praticável. Em terrenos macios, a broca era rápida e os procedimentos de amostragem tinham de ser bem organizados para lidar com o material continuamente trazido à superfície pela ação em espiral da broca. Foi necessário um cuidado considerável para minimizar a contaminação cruzada entre amostras. Durante a perfuração com trado foram recolhidas 5 amostras diferentes, cada uma com 60 litros. Foram estabelecidos quatro pontos diferentes à mesma distância do alvo central.

Figura 3: A imagem que mostra alguns passos na amostragem com trado

3.1.2 Geofísica

Os levantamentos geofísicos baseiam-se no princípio de que os vários tipos de rocha têm propriedades físicas diferentes, como a suscetibilidade magnética e a densidade. Estas propriedades físicas podem ser medidas diretamente a partir do ar ou do solo. Nos levantamentos aéreos, foi utilizado equipamento especializado montado em pequenos aviões ou helicópteros para recolher dados sobre a variação do magnetismo ou da condutividade electromagnética das rochas em grandes áreas.

Em março de 2007, a Savannah Diamonds Ltd contratou a UTS Geophysics, da Austrália, para realizar um levantamento geofísico aéreo de baixo nível em Sikonge, distrito de Tabora, na Tanzânia. Este estudo abrangeu as licenças de exploração de Ipole detidas por e sob oferta da Savannah Diamonds Ltd, como indicado na **figura 4.** Este levantamento foi efectuado em simultâneo com os levantamentos que abrangem as licenças de Loya South e Ikonge a leste e é conhecido como o levantamento de Sikonge.

Figura 4.Licenças de exploração de Sikonge e cobertura do levantamento geofísico aéreo, Imagem; Landsat TM Banda 742

O estudo adquiriu dados magnéticos e radiométricos.

3.1.3 Levantamento magnético aerotransportado

De março a maio de 2007, foram efectuados levantamentos magnéticos e radiométricos aéreos sobre a área do projeto Sikonge da Savannah Diamonds Ltd. A cobertura do levantamento consistiu em aproximadamente 61.800 km de linha, numa área de 5.670 km^2. As linhas de voo foram voadas numa direção azimutal de 00°/180° (Norte/Sul magnético). As linhas de ancoragem foram voadas perpendicularmente às linhas de levantamento (ou seja, 90°/270°). O espaçamento entre as linhas de levantamento foi de 100m com espaçamento entre as linhas de ancoragem de 1000m. A distância média ao terreno (MTC) do sensor magnético foi de 20m. A aeronave voou com uma velocidade de levantamento de 140Kn. Os dados para este levantamento foram recolhidos no modo de aquisição de gradiente horizontal. O levantamento utilizou magnetómetros de campo total Geometrics G822A Cesium Vapour e magnetómetros vectoriais de três componentes Develco Fluxgate, montados na cauda e nas pontas das asas de uma aeronave de levantamento de asa fixa PAC-750XL **(Fig. 5)**. Os dados radiométricos foram recolhidos através de um espetrómetro de raios gama Exploranium GR-820 com um volume de detetor de 32 litros e uma taxa de amostragem de 1Hz. Os dados foram registados em 256 canais. A navegação foi baseada em GPS diferencial em tempo real e o processamento de dados em GPS diferencial pós-levantamento. A base do estudo foi Tabora; Tanzânia. O sistema de coordenadas usado consistentemente em todo este projeto é WGS 84, UTM Zona 36 N.

Figura 5: Aeronave de inspeção UTS PAC750XL

Os dados magnéticos foram processados para produzir grelhas de Intensidade Magnética Total (TMI).

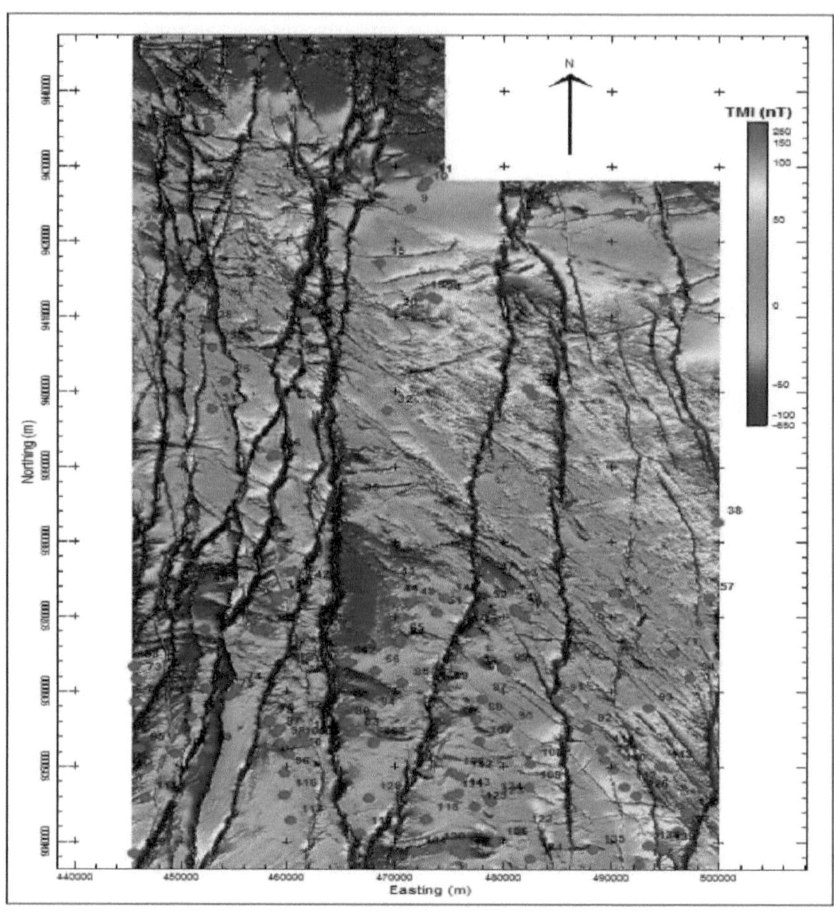

Figura 6. Sondagem Sikonge - Intensidade Magnética Total (TMI) com alvos selecionados sobrepostos

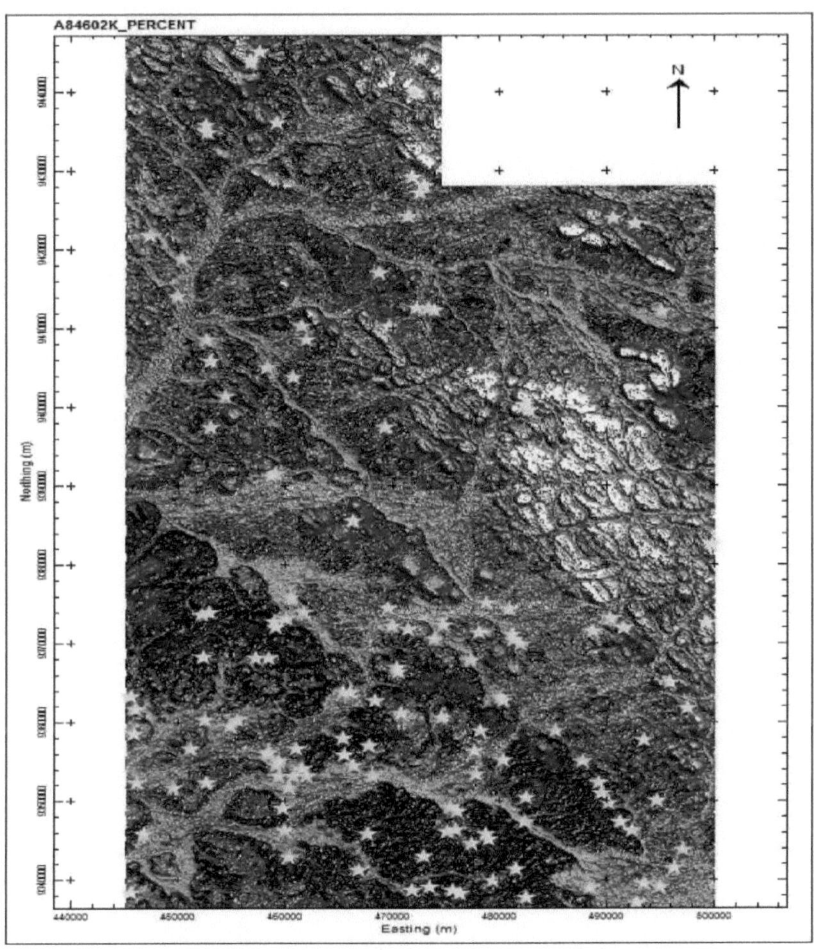

Figura 7. Levantamento Sikonge - Modelo Digital de Terreno (DTM) com alvos selecionados sobrepostos

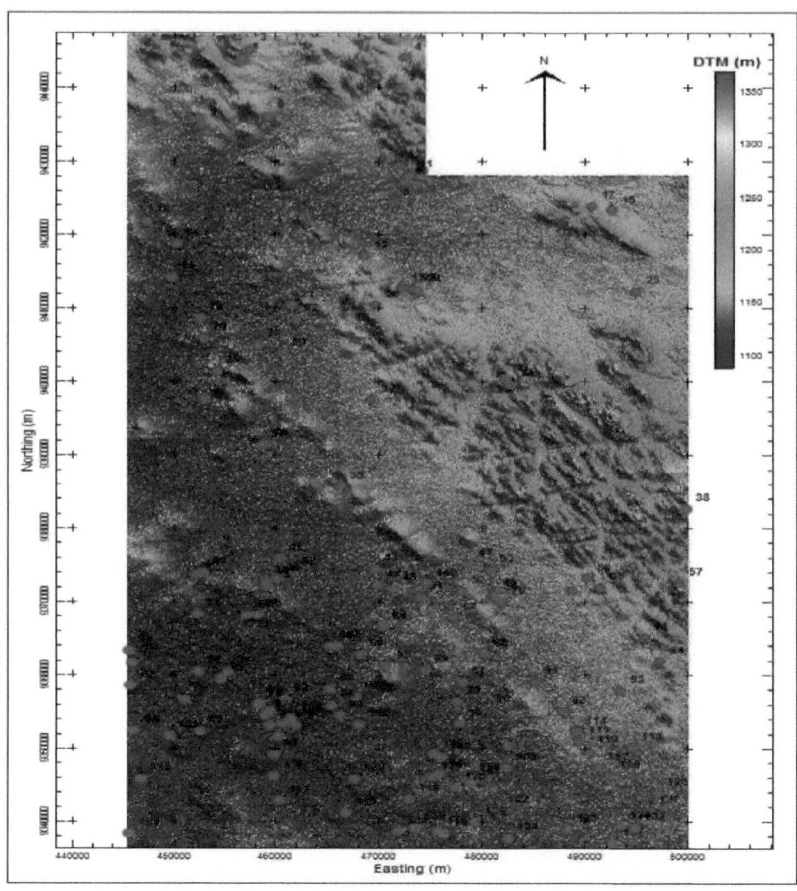

Figura 8. Levantamento Sikonge - Radiometria - Imagem ternária RGB -*KThU*

Figura 9: Landsat TM RGB742

3.1.4 Sistemas de Informação Geográfica (SIG)

O sistema de informação geográfica (SIG), sendo um sistema dinâmico baseado em computador, foi utilizado como abordagem para gerir dados espaciais (mapas) adquiridos durante o programa de exploração. Os elementos com uma posição geográfica (ou seja, colares de furos de sondagem ou localizações de amostras) foram registados numa base de dados juntamente com as caraterísticas dos elementos. A existência de um sistema de armazenamento organizado com base no espaço permitiu aos geólogos de exploração "colocar questões" à base de dados e visualizar os resultados. A visualização dos resultados num formato de mapa familiar permitiu aos geólogos identificar tendências na geologia e concentrar os esforços de exploração.

3.1.5 Sistemas de posicionamento global (GPS)/levantamentos batimétricos

Esta é outra tecnologia que trabalha em conjunto com o SIG. As redes de satélites GPS que circundam o globo permitem que o utilizador localize a sua posição com uma precisão de metros em quase qualquer ponto da Terra e ajudam o geólogo a navegar facilmente no terreno. Como se sabia que muitos kimberlitos ocorriam debaixo de lagos, uma aplicação valiosa do GPS envolvia a ligação de uma unidade GPS a uma sonda de profundidade de água em um barco, sendo os dados resultantes de posição e profundidade introduzidos num SIG. A informação de profundidade foi então convertida num mapa codificado por cores, permitindo ao geólogo ver a forma do fundo do lago e, quando combinada com outros dados, identificou potenciais alvos de perfuração

3.1.6 Perfuração

A componente final e mais dispendiosa da exploração de kimberlitos foi a perfuração. O tipo de broca Percusion foi utilizado para intersectar o alvo. O equipamento de perfuração médio pesa cerca de 10 toneladas. O equipamento de perfuração funcionou 12 horas por dia e foi capaz de perfurar buracos num ângulo de -90° (vertical) **(Figura 10).** A perfuração de exploração implica normalmente a realização de furos com 6,5 polegadas de diâmetro. Estava disponível uma vasta gama de técnicas de perfuração. A perfuração com núcleo de pequeno diâmetro foi planeada para ser utilizada durante o teste inicial do alvo para determinar se um tubo de kimberlito era responsável por uma anomalia.

Figura 10: Uma fotografia mostrando um geólogo, um técnico e perfuradores num dos alvos em Ipole

CAPÍTULO 4

RESULTADOS E DISCUSSÃO

4.0 RESULTADOS

Registo de percursão

A cada um metro de profundidade, foi efectuado um registo para determinar as litologias das lascas obtidas e foram medidos os seus valores de suscetibilidade magnética. A descrição da folha de registo inclui as seguintes informações;

J Nome do geólogo

J Coordenadas (easting e northing)

J Tipo de broca

J Tipo de anomalia

J Área do projeto

J Identificação da licença de prospeção (PL ID)

J Ponto de referência cartográfico utilizado

J Hora de início e hora de paragem da perfuração

J As datas de perfuração

J Contratante e o nome da empresa

J Azimute e inclinação

J Resolução de anomalias

J Diâmetro do furo e diâmetro da extremidade do furo (EOH)

J Profundidade, descrição litológica e suscetibilidade magnética

J Litologia de fim de furo (EOL) e a profundidade a que o alvo foi intersectado.

Foram desenhados diagramas de dispersão para mostrar a relação entre a suscetibilidade magnética e a respectiva litologia com a profundidade. Os valores de suscetibilidade magnética são apresentados numa escala logarítmica como se mostra abaixo;

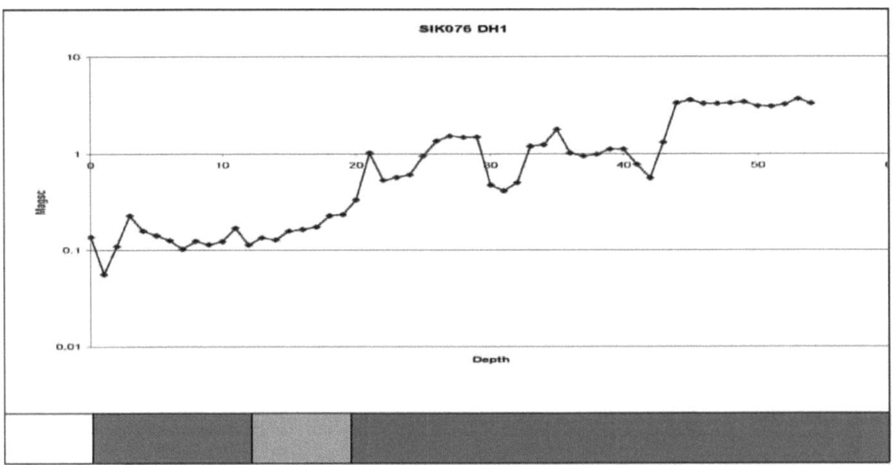

Figura 11: SIK078 DH1

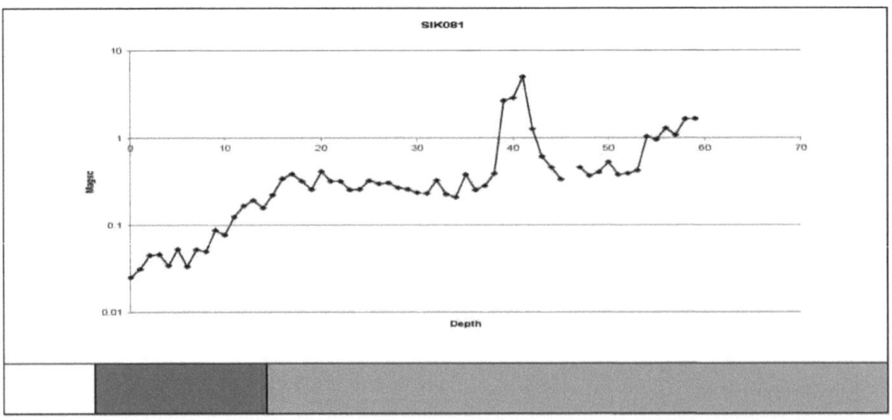

Figura 12: SIK081

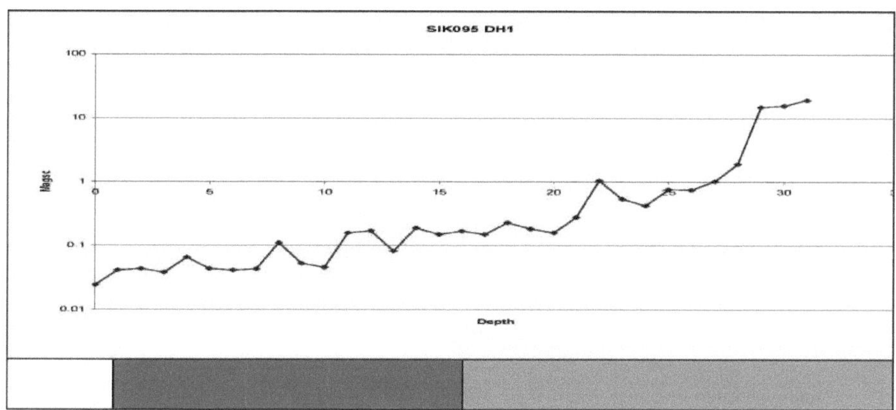

Figura 13.SIK095 DH1

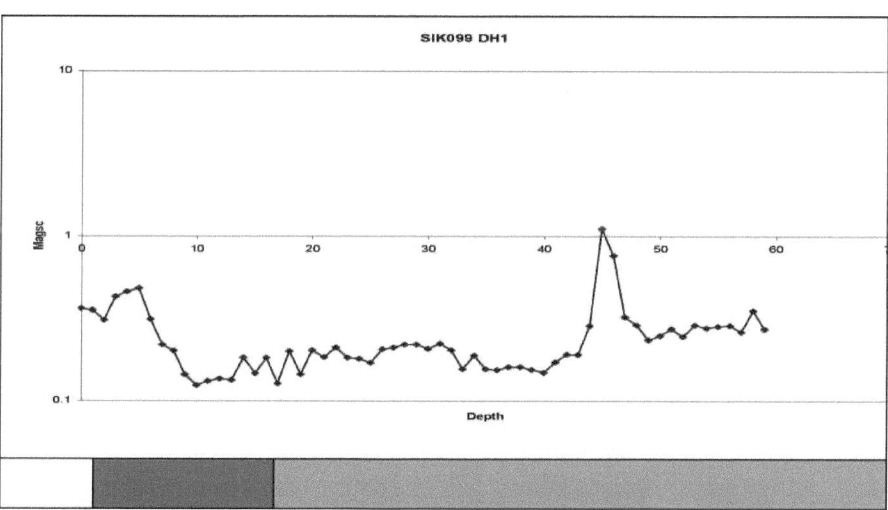

Figura 14.SIK099 DH1

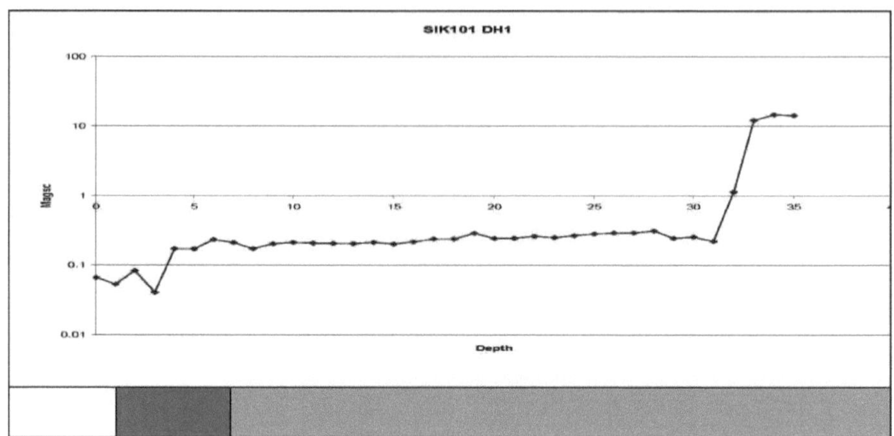

Figura 15.SIK101 DH1

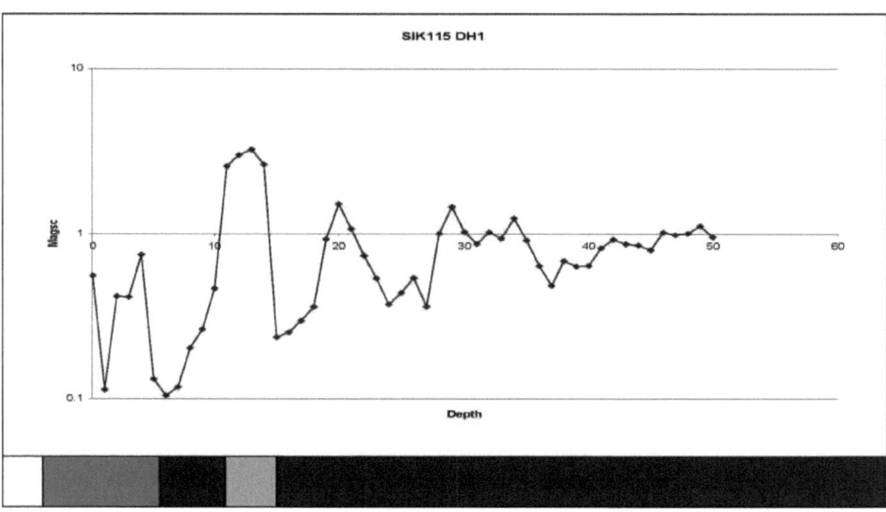

Figura 16.SIK115 DH1

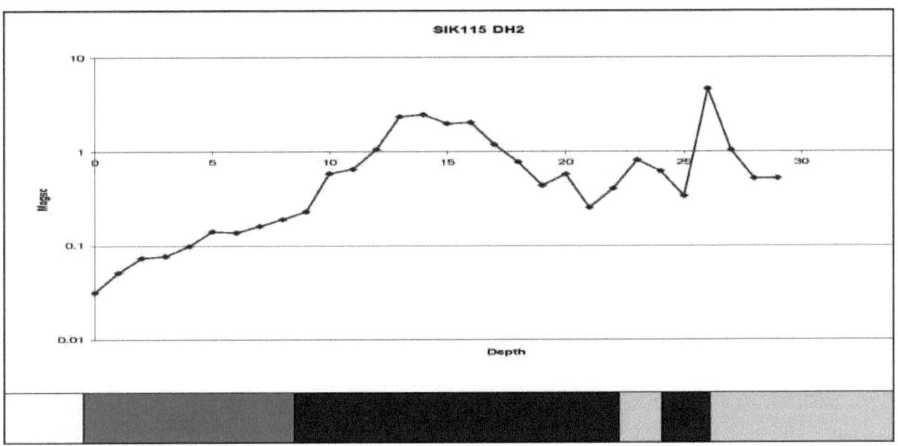

Figura 17.SIK115 DH2

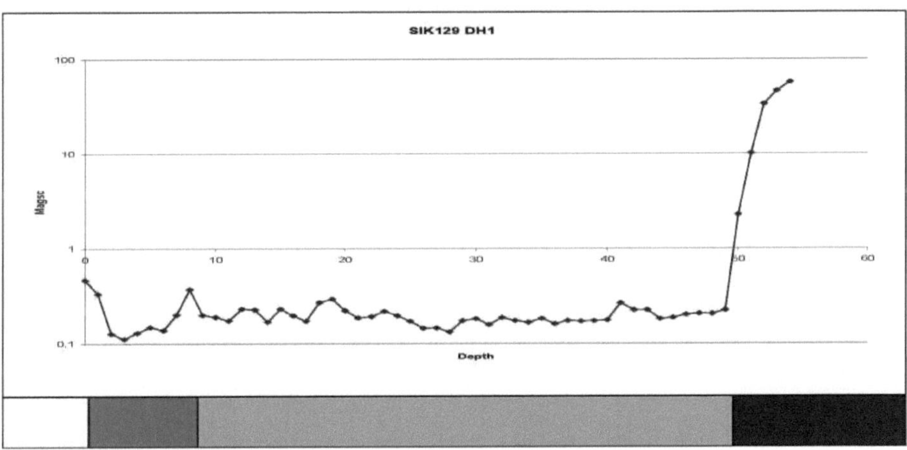

Figura 18.SIK129 DH1

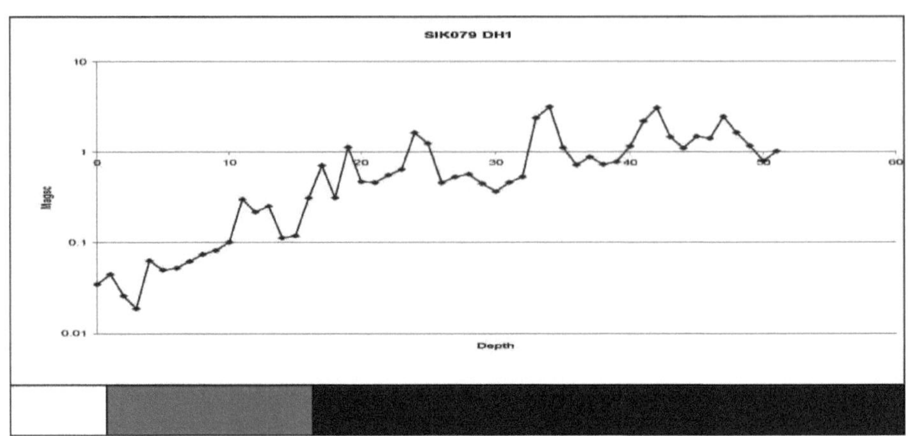

Figure 19.SIK079 DH1

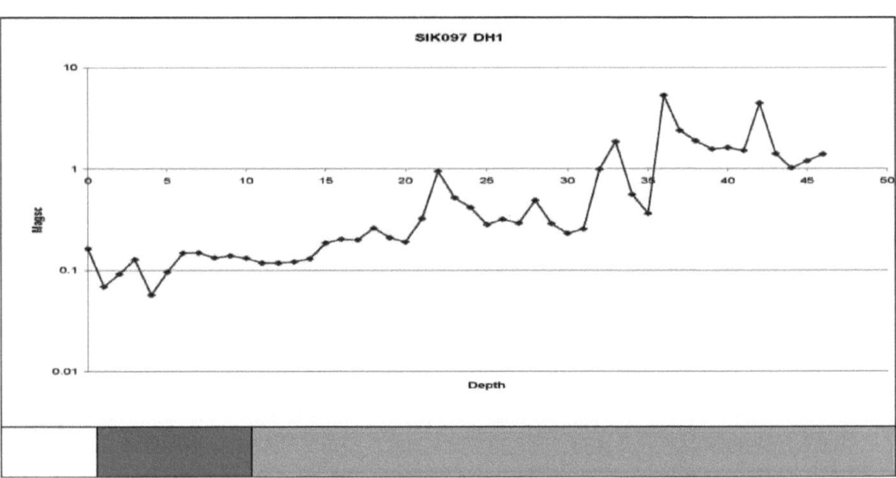

Figura 20.SIK097 DH1

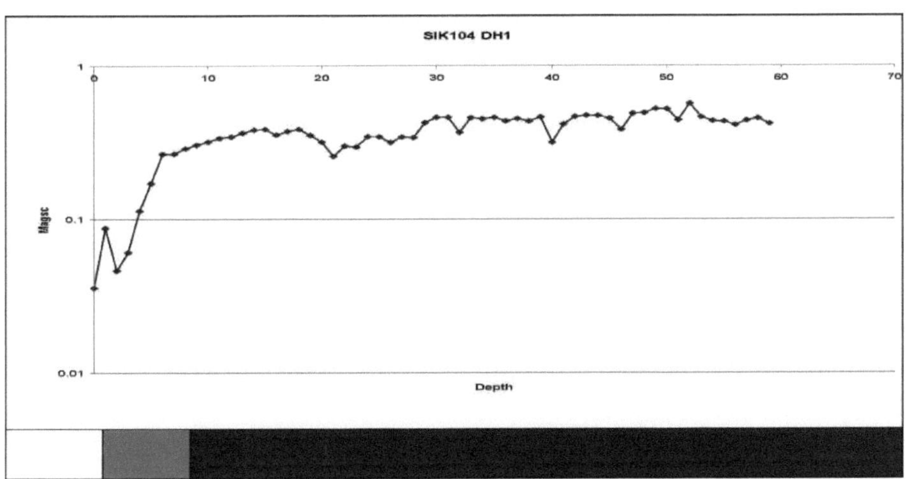

Figura 21. SIK104 DH1

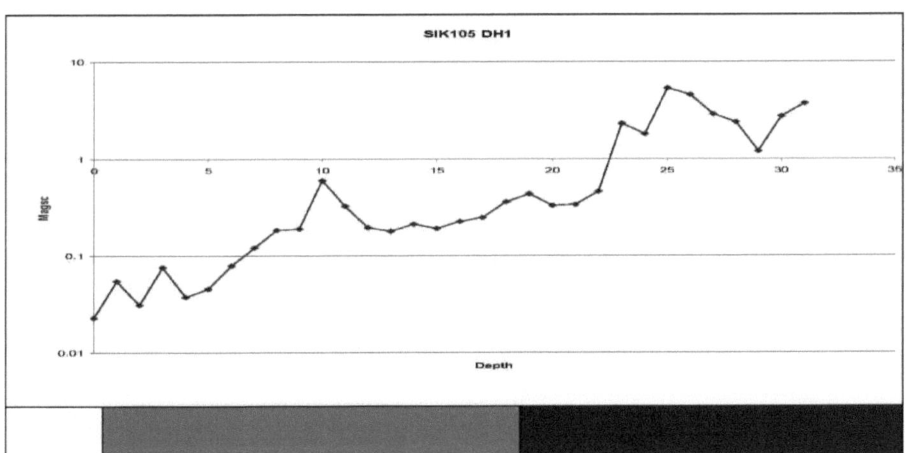

Figura 22.SIK105 DH1

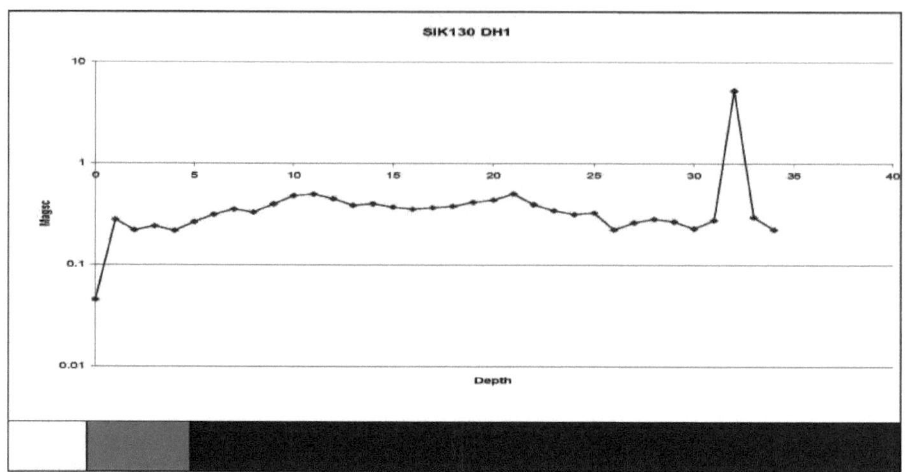

Figura 23.SIK130 DH1

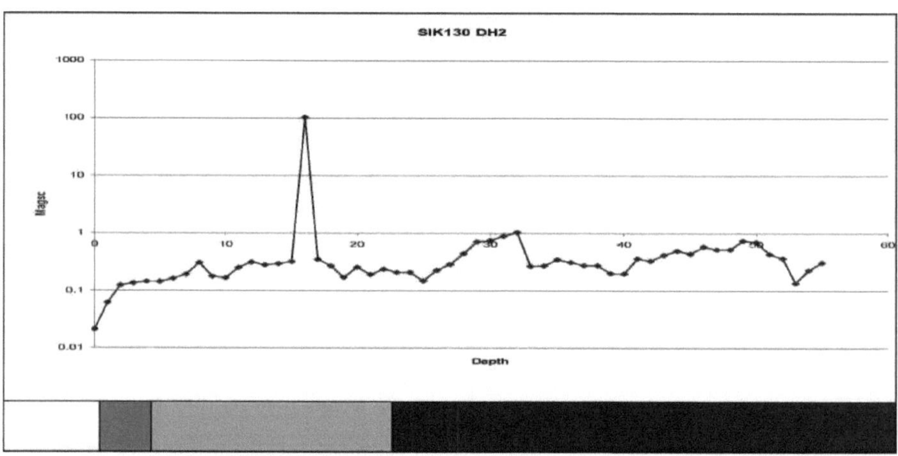

Figure 24.SIK130 DH2

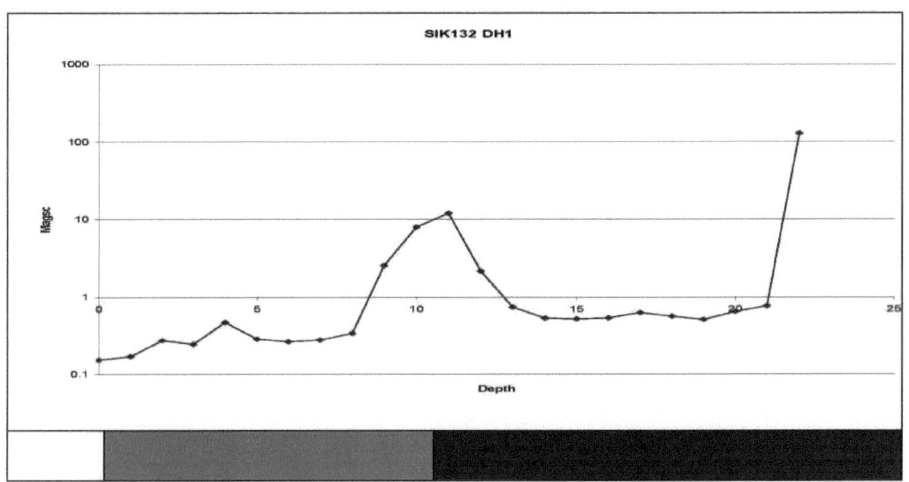

Figura 25.SIK132 DH1

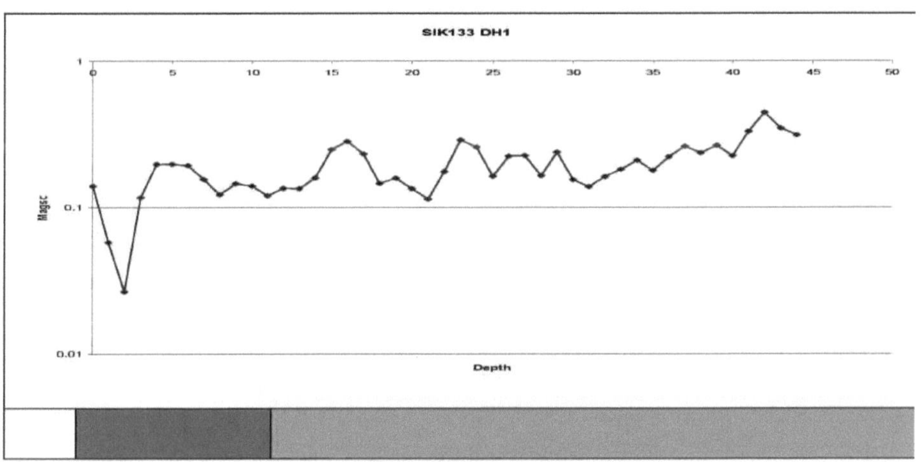

Figure 26.SIK133 DH1

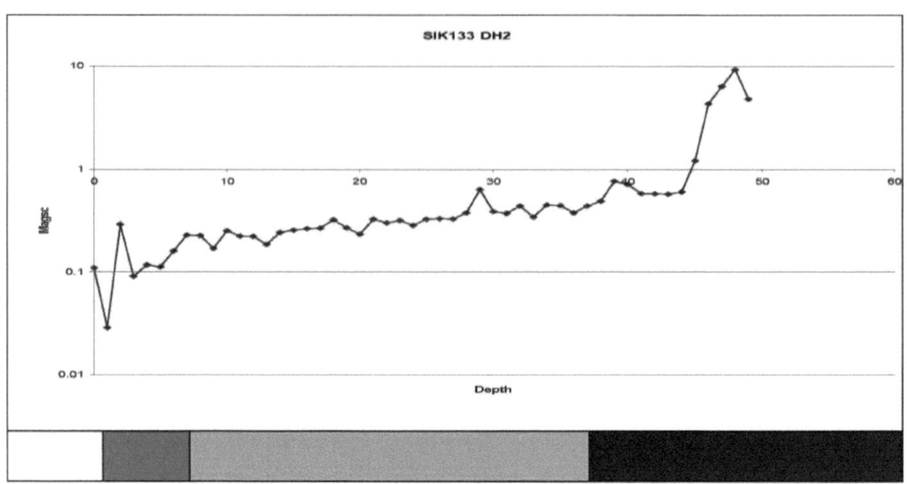

Figure 27.SIK133 DH2

KEY

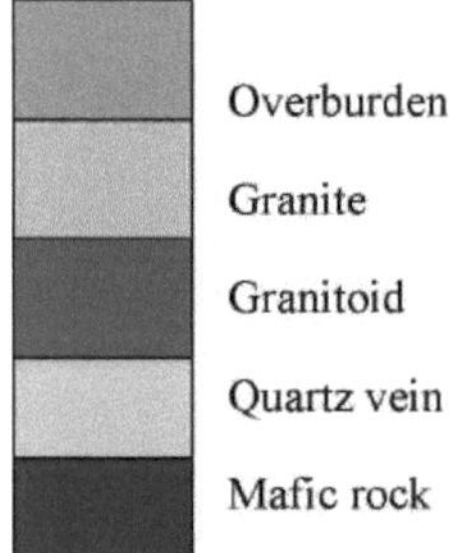

4.1 DISCUSSÃO

O estudo dos diagramas de dispersão mostra que a área de Ipole é dominada por rochas sedimentares, granitos e rochas máficas. Foram previstos valores baixos e constantes de suscetibilidade magnética tanto nas rochas graníticas como nas rochas sedimentares, no entanto, houve algumas variações nas rochas sedimentares que podem ser devidas à substituição isomórfica de minerais contaminantes nas amostras concentradas, enquanto que nas rochas graníticas podem ser causadas por intrusões básicas maciças, tais como diques máficos, rochas de base metamórficas, corpos de minério de magnetite, falhas, dobras, soleiras truncadas e fluxos de lava. As rochas máficas têm geralmente susceptibilidades magnéticas mais elevadas do que as rochas félsicas porque as rochas máficas são tipicamente mais abundantes em minerais fortemente magnéticos como a magnetite (Carmichael, 1982). As rochas máficas têm uma suscetibilidade magnética elevada que pode ser devida à quantidade de ferro, níquel ou cobalto e à quantidade de alinhamento que ocorre. O estudo do registo de perfuração mostrou que a área de Ipole é dominada por rochas sedimentares, granitos, rochas máficas frescas com grãos cor-de-rosa e rochas máficas desgastadas. A presença de rochas máficas intemperizadas era propensa à ocorrência de kimberlitos, porque os kimberlitos são altamente intemperizados na superfície terrestre ou perto dela (porque se formam a altas temperaturas em subsuperfícies mais profundas) e observados como tufos vulcânicos e a granada é um dos minerais indicadores na exploração de kimberlitos.Além disso, os valores medidos da suscetibilidade magnética das rochas ipolares assemelham-se aos valores da suscetibilidade magnética dos kimberlitos encontrados na Sibéria, África do Sul e Saskatchewan (Gerryts 1970, Macnae 1979 e Lehnert-Thiel et al 1992, respetivamente).

As anomalias selecionadas foram classificadas em relação à probabilidade de terem como fonte intrusões do tipo kimberlítico. As anomalias de primeiro grau têm assinaturas consistentes e apresentam uma resposta discreta e anómala. As anomalias de segundo e terceiro grau têm menos assinaturas discretas e anómalas, mas ainda assim suficientes. Todos os alvos prioritários estão listados abaixo;

GRAU	OBJECTIVOS
P1(9)	SIK006, SIK015, SIK032, SIK035, SIK039, SIK043, SIK044, SIK047, SIK108
P2(17)	SIK001, SIK002, SIK007, SIK019, SIK021, SIK027, SIK036, SIK042, SIK049, SIK050, SIK060, SIK064, SIK072, SIK080, SIK083, SIK102,

	SIK126
P3(64)	SIK003, SIK005, SIK008, SIK009, SIK013, SIK016, SIK017, SIK018, SIK020, SIK022, SIK024, SIK025, SIK028, SIK037, SIK038, SIK040, SIK041, SIK046, SIK051, SIK056, SIK058, SIK059, SIK061, SIK062, SIK063, SIK065, SIK066, SIK068, SIK071, SIK074, SIK075, SIK077, SIK078, SIK087, SIK090, SIK091, SIK092, SIK093, SIK095, SIK096, SIK107, SIK110, SIK111, SIK115, SIK119, SIK120, SIK121, SIK122, SIK123, SIK124, SIK125, SIK127, SIK128, SIK129, SIK130, SIK132, SIK133, SIK134, SIK137, SIK138, SIK139, SIK141, SIK142, SIK143

Tabela 4: Alvos geofísicos e graus atribuídos

A interpretação geofísica dos dados magnéticos gerou 90 alvos prioritários no total.

Houve 53 alvos não classificados, o que indica que não são considerados suficientemente anómalos para obterem o estatuto de seguimento. **As figuras 6, 7, 8 e 9** mostram os alvos sobrepostos nos conjuntos de dados magnéticos TMI, DTM, Radiométrico e do satélite Landsat TM, respetivamente.

A prospeção radiométrica mede o conteúdo de radioelementos da geologia/solos subjacentes, podendo ser uma ferramenta eficaz para cartografar a geologia e as alterações. Devido à elevada atenuação dos raios gama, só é eficaz até cerca de 20 cm de profundidade. Em áreas de material de cobertura transportado, muitas vezes o que é medido é o conteúdo de radioelementos da cobertura, que pode não ser verdadeiramente indicativo do leito rochoso subjacente.

Os dados radiométricos parecem estar a mapear claramente os granitos aflorantes. Quando a relação eTh/K é baixa, diz-se que a área é altamente mineralizada, enquanto que se a relação eTh/K é alta, a área é parcialmente mineralizada. Na imagem ternária apresentada **(Figura 7)**, estes destacam-se como pixels amarelo-branco, reflectindo a concentração relativamente alta de radioelementos.

Embora seja difícil interpretar uma assinatura diretamente atribuível a kimberlitos intemperizados, no entanto, parece haver alguma correlação entre um número de alvos selecionados e as bordas de possíveis afloramentos de granito. Além disso, vários alvos parecem estar situados em áreas de drenagem e o que parecem ser coberturas de solo transportadas, o que possivelmente reflecte zonas de meteorização preferencial e pode ser consistente com possíveis posições de kimberlitos. Após os testes e a investigação de campo dos alvos propostos, é fácil definir uma relação entre a assinatura radiométrica e a mineralização de kimberlitos, porque os kimberlitos apresentam-se frequentemente à superfície como depressões no solo. É evidente, a partir da imagem do relevo do terreno (figura 8), que um grande número de alvos propostos ocorre em baixas topográficas, apoiando assim a interpretação.

Parece não haver uma assinatura real discernível numa escala local evidente no Landsat. Os dados correlacionam-se com os alvos selecionados a partir dos dados magnéticos. Este facto pode ser uma função da dimensão/amostragem relativamente reduzida dos pixels. Regionalmente, existe alguma correlação entre os alvos selecionados e as áreas cor-de-rosa na imagem, o que pode ser atribuído à elevada reflectância associada ao supramencionado afloramento/subafloramento granítico **(Figura 9)**.

A análise da amostragem de minerais pesados revela a presença de alguns grãos de magnetite, cromite, espinélio e grãos rosa, vermelho rubi e roxo lilás que se suspeitava serem granada (as contagens de grãos não são apresentadas neste relatório, uma vez que existem cofidenciais da empresa).

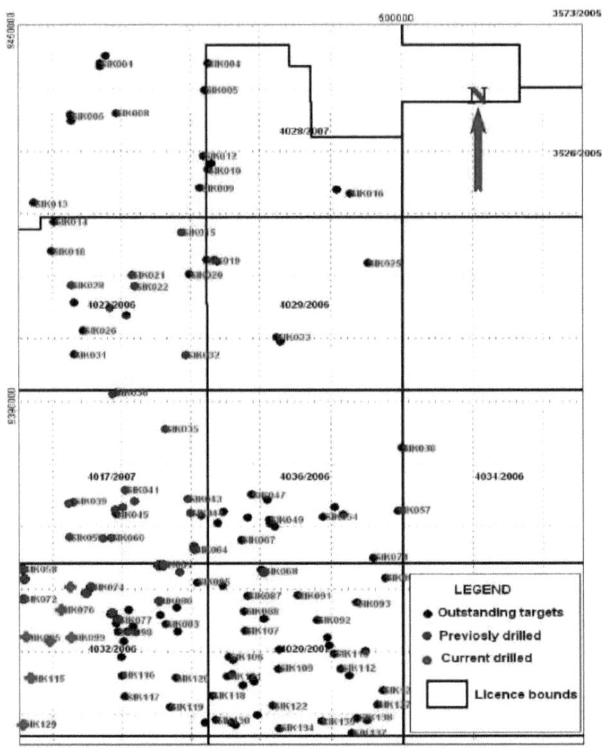

Figura 28: Resumo dos trabalhos realizados no âmbito do projeto Ipole

CAPÍTULO 5

5.0 CONCLUSÃO E RECOMENDAÇÃO

As medições de suscetibilidade magnética realizadas em lascas de rocha revelam que as rochas sedimentares e intrusivas félsicas têm baixa suscetibilidade magnética, valores de suscetibilidade moderados em rochas extrusivas félsicas e rochas ígneas intermédias e valores de suscetibilidade mais elevados para rochas ígneas máficas. A área de Ipole continua a ser uma área altamente prospetiva no que diz respeito à exploração de kimberlitos, em grande parte porque está dentro do cratão da Tanzânia e a exploração não foi adequadamente realizada em áreas com sobrecarga complexa. Outros alvos parecem estar situados em áreas de drenagem e coberturas de solo transportado que possivelmente reflectem zonas de meteorização preferencial e podem ser consistentes com possíveis posições de kimberlitos. A utilização da suscetibilidade magnética como ferramenta para definir a litologia deve ser descartada por outros investigadores porque a suscetibilidade magnética mostra muita variação com as litologias. A interpretação do levantamento Sikonge gerou noventa (90) alvos: nove (9) P1, dezassete (17) P2 e sessenta e quatro (64) P3.

REFERÊNCIA

LIVROS

1. Govett, G.J.S., Butt, C.R.M. e Zeegers, H., (1992). Handbook of Exploration Geochemistry; *Regolith Exploration Geochemistry in Tropical and Subtropical Terrains*. Elsevier Science Publishers B.V., Volume 4.

2. Kearey, P, e Brooks, M, 1984. *An introduction to geophysical exploration, 2nd edition.* Publicações científicas Blackwell.

3. Carmichael, R. S., 1982, *Magnetic Properties of Minerals and Rocks*: CRC Handbook of Physical Properties of Rocks, Vol. 2, Ch. 2, ed., São Paulo, Brasil. Carmichael, R. S

4. Atkinson,W.J.,1989,*Diamond Exploration philosophy,practise and promises'review in Kimberlite and Related Rocks,v.2,Their mantle/crust setting,Diamonds and Diamond Exploration*: Geological Society Australia Special Publication No. 14,p.1075-1107Barth, H (1990).

5. Johnson, G. R. e Olhoeft, G. R., 1984, *Density of Rocks and Minerals: CRC Handbook of Physical Properties of Rocks,* vol. 3, Ch.1, ed. *Carmichael, R. S.*. Carmichael, R. S..

JORNAIS/JORNAIS

6 H.H.Helmstaedt,' *Natural Diamond Occurrences and Tectonic setting of Primary Diamond deposits'*

7 Notas explicativas sobre o Mapa Geológico Provisório dos Campos de Ouro do Lago Vitória, Tanzânia. Escala 1: 500 000.

8 Johnston, Cameron. *Levantamento detalhado do terreno magnético, radiométrico e digital aerotransportado para o projeto Ikunga & Sikonge.* Relatório de logística do inquérito, UTS Geophysics, agosto de 2007.

9 Howard G. Coopersmith, *"Diamond Mine Discovery"*.

10 Malcolm E. McCallum e W.P.Vos,*'Ilmenite Signatures: Utilização de propriedades paramagnéticas e químicas na exploração de kimberlitos"*.

11 John E. Lee,' *Indicator Mineral Techniques in a Diamond Exploration Program at Kokong, Botswana'*.

12 Laurie E. Reed,' *The Geophysics of Kimberlite'*.

13 W.E.S. (Ted) Urquhart e Robin Hokins,*'Exploration Geophysics and the search for Diamondiferous Diatremes'*.

14 Nikolai V. Sobolev,*'Kimberlitos da Plataforma Siberiana: Their Geological and Mineralogical Features"*.

15 Daniel J. Schulze, "*Populações de xenocristais de granada em kimberlitos da América do Norte*

16 A. J. A(Bram) Janse" *The Aim and Economical Parameters of Diamond Exploration" (O objetivo e os parâmetros económicos da exploração de diamantes)*

SÍTIO WEB

17 Valores de Densidade e Suscetibilidade Magnética para Rochas nas Montanhas Talkeetna e Região Adjacente, Centro-Sul do Alasca.

http://www.dmtcalaska.org/exploration/ISU/unit3/u3lesson1.html

18 Propriedades magnéticas de rochas e minerais, Christopher P. Hunt, Bruce M.Moskowitz,Subir K. Banerjee,1995

http://www.earthsci.unimelb.edu.au/ES304/MODULES/MAG/NOTES/rocksus.html

19 Magnetic Susceptiility of Minerals in high Magnetic field, Dahlin, D.C e A.R.Rule, 1951.

www.cdc.gov/niosh/mining/pubs/pdfs/ri9449.pdf

20 Elizabeth A. Sanger[1] e Jonathan M.G.Glen[1], 2003

www.konkanrailway.com/website/tendattach/.../TEN-WEB-85.pdf

21 Suscetibilidade magnética'.Encyclopaedia Britannica.2009

www.britannica.com/EB checked/topic/357313/magnetic susceptibility.

Printed by Books on Demand GmbH, Norderstedt / Germany